このたびは、『きみがいるから 40 人のどうぶつイラストブック』をお手にとっていただき、ありがとうございます。この本は、40 人の作家さんが、それぞれの「どうぶつへの想い」を自由に描いた作品集です。そして、たくさんの方の心温まるお力添えのもとに生まれた本でもあります。

　どうぶつたちへの優しさや感謝、信頼を感じるすばらしい作品ばかりです。1 枚 1 枚を、ぜひじっくりとご覧になってみてください。

どうぶつとあなたの出会い。

それは、一見さまざまな偶然の重なり合いのように思えます。

でも、きっとそれは偶然ではなく、わたしたちが「会いたい」と思っているから。

だから、どうぶつたちは、わたしたちのもとへ来てくれるのではないでしょうか。

ほとんどのどうぶつは、わたしたちよりもはやく天国へ旅立ちます。

だから、どうかあなたのもとに来たら、
優しく撫でたり、温かい言葉をかけたりして、
そっと見守ってあげてください。

どうぶつたちは言葉を話せません。

かれらの喜びも、悲しみも、苦しみも、
本当に理解することは、とてもむずかしい。

だから、わたしたちは想像をふくらませて、思いやりをもって、
どうぶつたちと触れ合っていくのです。

鳥×鉱石

和鶴

どうか、どうぶつたちとの関係を考える時、
「自分は何ができるだろうか」と考えてみてください。

どうぶつたちは、きっとわたしたちを信じてくれています。
その想いにこたえられるように。

alive

みんなの思いやりの気持ちが、よりいっそう広がって、

どうぶつも人も、幸せに生きられることを心から願っています。

朔良

「家族」

わたしの大切な家族たちをモデルに描きました。周りのお花は、花言葉が「愛」や「幸福」などの意味をもつものを集めました。人もどうぶつも幸せな世界でありますように。

🐦 @sakura0085

kushida maco

「だいすき。」

わたしは猫ちゃんが大好きで、疲れた時は猫ちゃんの動画や画像を見てニヤニヤと癒されております♡ 今回のイラストには、温かい！ 愛おしい！ 可愛い！ をこめました！ 絵を見た方の癒しになると嬉しいです♪

📷 @kussy_makocchan1718

sakio

「きみがいるおかげで」

この作品には、タイトルと絵のなかにある文章にもある「きみがいるおかげで、今日もいい1日になる」というメッセージを強くこめて描きました。

🐦 @DoraSakio

mona

「みんなで」

人間もどうぶつたちの一員です。みんなで小さい命を育める、優しい世界になりますように。

🐦 @monamona_007

オダメリ

「Family」

全てのどうぶつと人間がともに幸せに暮らしていける世の中になってほしい。どうぶつたちは心地よい時、楽しい時には本当にいい表情をする。それはとても癒されて、元気をもらえる。人間でいう笑顔だと思っています。その笑顔をわたしたちが愛して、守って、増やしていくべきで、少しでもそのチカラになれたらと思います。

🐦 @odamrcccc

かまさきひろみ

「みんなでお昼寝」

「いっしょにいると癒される、気持ちが和んでしまう」わたしにとって猫は、そんな存在です。猫をイメージし、温かくて和んでしまう作品になるよう描きました。

🐦 @kama_hiro2213

あおね琳

「LOVE」

どうぶつとも、家族や恋人のような、愛情いっぱいに、幸せに健やかにいっしょに生きていきたい♪

🐦 @kaorin0206

なお【空想絵画物語】

「きみとぼく」

きみとぼく、いつもいっしょだったね。毎日散歩したね。ごはん食べたね。いっしょに遊んだね。今は少し離れてるけどいつかまた再会したら、ぼくに飛びこんでくるきみをぎゅっと抱きしめさせてください。そしてまた散歩に行こうね。

🐦 @nao4179

ささの
「生きているからあたたかい」
どうぶつ。さまざまな違いはあれど、どの子も同じ、生きているからこそあたたかい。そして、人の手もあたたかい、その温もりが伝わってほしい1枚です。

TAPI 岡
「4匹」
昔飼っていた子たちです。想いをこめて描きました。

🐦 @wolftapioca

光音
「小さい子達の眠り」
どうぶつがそばで寝てくれるのは、安心してくれているという証なので、どうぶつの寝顔を見るととても愛おしく思います。

🐦 @hikaru_oto

こまち
「君がいる幸せ」
わたしたちに笑顔や癒しを与えてくれるどうぶつたちに、ありがとうの気持ちをこめて描きました。わたしたちのせいでどうぶつたちが苦しむことのないよう、このイラストが改めてかれらを大切に思えるきっかけになれば幸いです。

🐦 @komatiko_

アサミ
「フルーツ広場」
犬が楽しそうに駆け回っている姿を見ているだけで幸せになれます。フルーツをモチーフにした遊具のある広場で、柴犬が楽しそうに遊んでいる場面を表現しました。

🐦 @AsaAsa_777

Meg Takano
「Growing」
個体数が減少しつつあるホッキョクグマと、かれらを包みこむように草花や生息地に関連したモチーフを描きました。どうぶつたちが心穏やかに成長していけるよう願いをこめました。

🐦 @meg_takano

兼濱麻美
「父と娘」
わたしにとってカンガルーは、強くて優しい「父」のイメージです。7月に生まれてくる娘と、娘のために強く優しくあろうとする主人をモチーフに描きました。バックには、「家族愛」や「たくましさ」を表す花、ランやストケシアを描きました。

🐦 @kanehamaasami

蒼魚
「I love Shiba !」
イラストレーターをしている蒼魚です。幼いころより犬を飼っており、日本をはじめ世界中のどうぶつが幸せでありますように、という想いで描かせていただきました。

🐦 @drownedfish0930

fumika
「初めてのおうち」
温かなおうちに迎えられた小さな命たちを描かせていただきました。みんなが最後まで温かく愛されますように。

𝕏 @chako_sirokuma

K.K
「コウモリ」
夕方になると団地のベランダからコウモリが飛んでいるのが見えます。特別ペットを飼わなくても、身近にどうぶつと共存できる環境を大切にしたいです。

shikunu・貴明
「青色の夢」
ぼくの大好きなキリンが眠っている姿。色はあえてモノクロで。あなたの想像でカラフルに彩ってみてください。

𝕏 @shikunu

あめばねさい
「視線の先には」
象が人間を見たときに生じる脳波が、わたしたち人間が犬や猫を見て可愛いと思ったときに出る脳波と類似しているという記事がありました。

𝕏 @saye_moni

いしもりなこ
「いつか故郷へ」
以前サーカスで見た元気のない象たちがずっと頭に残っていました。どうぶつを操る現実は悲しいですが、リーカスにより元気づけられる人々がいることも事実だと思います。優しさのあるどうぶつ芸が行われることを祈ります。

𝕏 @ishimorinaco

しんご
「シロツメクサ」
うさぎは幼いころ初めて触れ合ったどうぶつです。そして、どうぶつを描くきっかけになったのはピーター・ラビットの絵本。わたしにとってうさぎは、大きな影響を与えてくれたどうぶつです。

𝕏 @shingo0407

Kat Dessen（エカ）
「ちょうちょさん！　今日は何して遊ぶ?」
この絵ではちょうちょを嬉しそうに追いかけるわんこを描きました。絵のようにどうぶつはわたしたちが思うよりも表情が豊かで、いろんな顔をころころ見せてくれる…。それはどうぶつが人間らしいからなのでしょうか、それともわたしたちがどうぶつに近いからなのでしょうか…。同じ地球を生きるもの同士だということを実感して感動するのです。

𝕏 @katyart_d

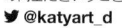

迷迷香
「モフモフ・ぬくぬく」
冬の寒い夜はよく布団のなかに入っていっしょに寝てくれます。とても寒がりなので、一度入るとなかなか抜け出せません。抜け出そうとすると腕を掴んでくるから仕方ないですね。

𝕏 @mannenrou68

「きおくのかけら」なつみ

「真心の愛」

やぁみんな、調子はどう？ぼくは今から、主人とガールフレンドに会いに行くのさ。きれいに咲いていたタンポポをプレゼントしにね。猫に首輪とリードはおかしい？とんでもない。これは主人がぼくの命を守るためのもの。首輪とリードは、主人からの愛の形。タンポポと同じさ。

 @Natsumi_L_624

MATSUKO

「with you」

キラキラひかる鳥たちのまっすぐな目に映る景色が、どうか優しいものであってくれればと願います。

@Artact_pic

和鶴

「秘めた輝き」

鳥は美しい。美しさで創られた生きものだとわたしは思う。そしてその美しさは一瞬の輝きのようで、鉱石の輝きにも似ている。まだ原石のまま、輝きは欠片だとしても。鳥と鉱石は同じ秘めた輝きをもつ。

@waduru28

Ractice.

「斑藤」

撓わに咲く藤の花と、絶滅危惧種とされるキリンの切り絵を制作させていただきました。普段から生きものをモチーフに切り絵をしております。このたびは企画に参加させていただき本当にありがとうございます。

 @Misto_xX

鬼辰カケル

「おやすみニャンコ」

ニャンコさんみんなが、こんな安心した顔で寝られる世の中になるといいですね。

@OniTatu99

水谷霖

「まなざし」

オオカミの美しさ、気高さ、そして優しいまなざしが大好きです。このきれいな生きものがいつまでもあり続けますように。

@rinrinwolf

嶺王ゆうすけ

「青炎」

わたしにとっての自信と強さと未来の象徴であるライオンを描かせていただきました。青白く燃える炎をイメージしています。

@meNEO_youLEO

花野ことり

「花の湖」

わたしは鳥が好きで、鳥の母と子の愛情を表現したいと思い、白鳥の親子を描きました。人と同じように鳥にも大切な仲間がいることを忘れずに、どんな小さな命でも大切にしていきたいです。

@5_hanano

まり藻
「はこぶね」
「方舟」とは海原や自然を指しており生きものを「運ぶ」という意味も掛けています。人間も自身を自然の一部と捉え生きものの命をやたらに傷つけず、既存種を途絶えさせないように運ぶ舟であってほしいと思います。

🐦 @malimo_56

せきねまりの
「おひさまのせなか」
誰にでも優しくておっとりしていて、お散歩が大好きだったらっしーの背中は、お日さまの香りがしました。匂いを嗅ぎながらいっしょに寝るのが最高だったなぁ…。また夢で会おうね！

🐦 @mrrrrrrrn

すなほ
「2人一緒に」
昔飼っていた、金魚ちゃん2匹を描きました。金魚は奥が深い生きもので、とっても可愛いんです。天国でも2人で仲良くね！

🐦 @SUNAmsmr

hitomi
「サイとキリンとフクロウ」
わたしが大好きなどうぶつたち。住む環境も違い、それぞれが唯一無二の存在である。破壊も保護もできるからこそ、愛をもってどうぶつに接し共存していきたい。

🐦 @BarutoHana

葉月まっち
「ひろがるせかい」
自然を愛するくまの女の子「くまみちゃん」♪夢は世界のみんなとおともだちになること！次はどんなおともだちに会えるのかな？おともだちパズルはどんどん広がっていきます。

🐦 @macchi194

ひなこ
「大切にして。」
どうぶつは可愛いだけではなく、生きています。可愛いどうぶつとともに生きることをみなさまと考え、行動したいです。このような機会をいただき、ありがとうございます。

🐦 @527hinako

MAOBAB.soulart
「ひだまりいきもの。」
太陽の下はみんな、いっしょ。そしていっしょに眠るひととき。同じ瞬間を共有して安心して眠る時間を夢みながら。生きものに温かなひとときを。

🐦 @MAOBABsoulart

河原奈苗
「Be Together」
ペットは、人と同じく感情があり命があるもの。責任をもちながら、もっと絆を深めていきたい。作品では人と犬が安心しながらゆったり寝転んでいることで絆を表現しました。

🐦 @nanaekawahara

Special thanks

I.D.S.　朝戸順子　朝戸佑飛

ail0218　Outrigger Lab(小林剛)　秋本佑　秋山由奈　株)Act・Arkham　Akko　あっちゃん　天ノ河些倉　ayako　ありしろ雑貨店　井口絵理香　池田彩佳　石井しょう　伊勢星来　市村尚之　いとうみゆき　印南亮　井内真理恵　いみな　イラストブック　Vinpok　うちこしさんちのいきものず　卯月トト　株式会社H-t studio　Seiko.s　N.K.KooZN　えびほなみ　えほんやハコのなか　えみにぇ　M.T.S.K　遠藤れい　大北啓示　大澤尋　大月潮　obiism　大渕謙太朗　お掃除オーガナイザー®　小野靖恵　obeni　かおり　かたしゅん　加藤翔太　加藤美穂　かなざわよしひろ　金子理史　金子康平　金子詩織　かもちゃん　からさわのりこ　仮屋貞博　川並寛　川端義夫　菊地史惠　北國あゆみ　ギャランドゥ小田　球目呼　ぎんちゃん　國吉真太　Rumi Kuroki　くろさわゆい　Keita　小池竜平　九　越田早苗　後藤則幸　五藤弘一　ことみ　こなゆき　小林麻美　小山祐介(コヤ)　惟住直子　是常陽子　彩太　さおり　酒井歩美　さくら　さくら(雑種犬)　櫻井与利子　倖葉　ざっき(田崎敦)　佐藤こずえ　佐藤詩音　Masataka Sato　砂闥留　シアン　CIWすずみん　SIT　Shino　白帆(しほ)@無添加女子　しまぶー　清水海渡　清水ころん　しもでまりこ　釈迦堂ヤマト　周尚勤 Wanson Chau　白鳥徹　水蘭　sukinakoto　Tomoko Sugihara　鈴木健司　スヌーピーのぬびぬび　澄乃みや　瀬戸麗菜　背骨のかじ　せんむ　たかっきー　高橋圭子　竹中孝明　竹村家　田代健二　たつのぶ　田中詩乃　田中幸春　chiii　ちほたん　ちみー　ちゃんりー　辻明佳　対無隆太　常塚仁珠　津村雄高　デカとミミ　荻灯亭七之助　でざいん屋てるてる坊主　Teruyo　傳法谷敦志　豊田悦子　苗　なおや　中窪大地　中之庄潤一　なかむらえり　なかやまあろは　中山弘子　菜摘子　成家義哉(劇団流星群 -ssf-)　NICOMICHIHIRO　西田恵実　猫遊亭五郎兵衛師匠と猫遊亭ヨメなな子　野澤匡旦　野村稔　海苔　Sei Haga　萩原深雪　畠山穂乃佳　パト兄　パピヨン　ハマショー　haru405　日浦信幸　姫野華菜　平田里美　ERI HIRANO　宏奈　Tsukasa Hirohara　藤川江良　フジ　古川香月　ベス＆クッキー　ベランダ本棚　べろみ　VOICELABO阿部あかね　ほうか　星谷志摩　ぽぽ　ホリカワヤスキ　本屋 本と羊　まいこ@人類最強のママフルエンサー　牧野晴佳　真島こころ　ますだあきこ　町田直紀　松宮一真　松村百恵　松本茂　松本征樹　mahina　Mabo-Labo　マミィ　間宮盛人　丸山夏輝　みうらあやか　Mizobe Tomoko　MIMOGY　宮川裕喜　宮崎朝陽　みろかあり　むぎ　むぎんちょ　無心大志(芝居企画 TECALL)　牟田一枝　宗永伊織　村岡聖治　村上裕香　megumi　望月恭子　モノポポロコ　やぎこ　yascolo　柳堀毅　矢野壮和　矢野和俊　矢野英樹　やのみゆき　Yuya Yamagishi　山下藍　山下正憲(ねこちゃん)　やまだともか　山本さゆり　優子　ゆーな　ゆかりん　ゆき　吉田覚丸　La__harty　RYEOWOOK★　Lily bird　りんく　りんごあめ　ru-na　瑠璃香　raven　渡辺清人　渡邊悠斗　渡邉義規　渡部真理子　和田麻里子　割田哲夫　（敬称略・50音順）

応援してくださったみなさま、ありがとうございました。

あとがき

　RainbowRoad は、人とどうぶつがより豊かに共生できる社会を実現するため、エンターテイメントの提供による社会貢献を目指して活動しています。

　この活動は、わたしの大切な家族である犬のコタローが、2年前に亡くなったことがきっかけではじまりました。子どものころ、わたしは小児ぜんそくと猫アレルギーのため、本来どうぶつとともに暮らすことは難しい状態でした。しかし、近所で保護された犬のコタローに出会った瞬間、「飼いたい！」という気持ちになり、反対する両親にもなんとか認めてもらい、家で引き取ることになったのです。コタローとは本当に長い時間をともに過ごしました。初めてのお散歩で引きずられてしまったり、わたしの靴下でつくったおもちゃがボロボロになるまでいっしょに遊んだり、落ちこんだ時にはただそばにいてくれたりしました。コタローは2年前に虹の橋を渡っていきましたが、今でもわたしたちにとってかけがえのない家族であることに変わりありません。

　「こんな特別な想いをくれるどうぶつたちに、わたしができることは何があるだろうか」と考えた末、まずはどうぶつ保護団体への寄付を呼びかけるボランティア活動やチャリティーイベントを開催しました。そこで、自分なりの手ごたえを得た一方で、1人で活動することの難しさも痛感したのです。多くの方に出会うなかで、現在 RainbowRoad でともに活動している奥村氏と出会い、仲間がいることによる活動の広がりや可能性に気づかされました。

　活動の最初の一歩として、イラストブックを出版しようと企画しました。わたしだけではすばらしい作品はつくれないかもしれない。けれど、作家さんたちの力を集めて、みなさんを輝かせることはできるかもしれない。そのように

考え、すぐにSNSでどうぶつに関するイラストの募集を呼びかけました。すると、なんと100人以上もの方から、「イラストを描きたい」というお声をいただいたのです！どうぶつたちへの特別な想いをもった方ばかりでした。ページ数の関係もあり、40人の方に描いていただくことにしました。

さらに、制作資金を募るクラウドファンディングにおいては、「応援したい」「どうぶつたちのために何かできることをしたい」といった想いのもと、300人以上の方のご支援をいただくことができました。これも、40人の作家さんの、想いのこもった作品のチカラがあったからこそです。心から感謝申し上げます。

環境省による発表では、犬猫殺処分数は、犬約8,000匹、猫約35,000匹（平成29年度）。ここ数十年の推移を見ると年々減少傾向にあり、各団体や企業の熱心な活動の成果で

あると感じています。わたしたちRainbowRoadは、殺処分ゼロの実現と持続をはじめとした、どうぶつたちをめぐる問題の現状を周知するという目的があります。このイラストブックが、1人でも多くの方にとって、どうぶつたちについて考えるきっかけになればと願っています。

肩書きも実績もないわたしたちが、多くの方に助けていただくことで、イラストブックの出版という1つの目標を達成することができました。ありがとうございました。

人が人に、人がどうぶつに、今よりもっと優しくなれますように。

RainbowRoad　井内友理恵

この本の利益は、
全て OMUSUBI(運営会社：株式会社シロップ) へ
寄付されます。

OMUSUBI

株式会社シロップが運営する「OMUSUBI（お結び）」は、審査を通過した保護団体のみが利用可能な保護犬猫マッチングサイトです。2019年7月時点で全国70以上の保護団体が登録しており、保護犬猫と新しい飼い主の出逢いをサポートしています。
webサイト　https://omusubi-pet.com/

RainbowRoad　　井内友理恵　奥村 茂

2018年4月、井内友理恵が発足。どうぶつ保護団体への寄付を呼びかけるチャリティーイベントを主催し、収益を「一般社団法人つなぐいのち」へ寄付。2018年9月、奥村 茂が加入。継続的な寄付とどうぶつをめぐる現状の周知を目的とした活動のため、絵本出版プロジェクトを開始し、2019年1月、「一人一展2019」にて井内による絵本原案のショートストーリー『カナメの笑顔』を展示。2019年6月、『きみがいるから 40人のどうぶつイラストブック』の出版に向けたクラウドファンディングを成功させ、人とどうぶつがより豊かに共生できる社会の実現のため、「エンタメ×動物福祉」という新しい社会貢献の活動を本格的にスタートさせる。

きみがいるから 40人のどうぶつイラストブック

2019 年 9 月 20 日　第 1 刷発行

著者	RainbowRoad　©RainbowRoad 2019
発行者	落合加依子
発行所	小鳥編集室
	〒186-0003 東京都国立市富士見台 1-8-15
	電話 070-1500-1568 （代表）
編集	落合加依子　矢延絵美（小鳥書房）
装丁・デザイン	奥村 茂（RainbowRoad）
印刷・製本	藤原印刷株式会社

この本の利益は、全てOMUSUBI(運営会社：株式会社シロップ）へ寄付されます。

ISBN 978-4-908582-03-5　　Printed in Japan